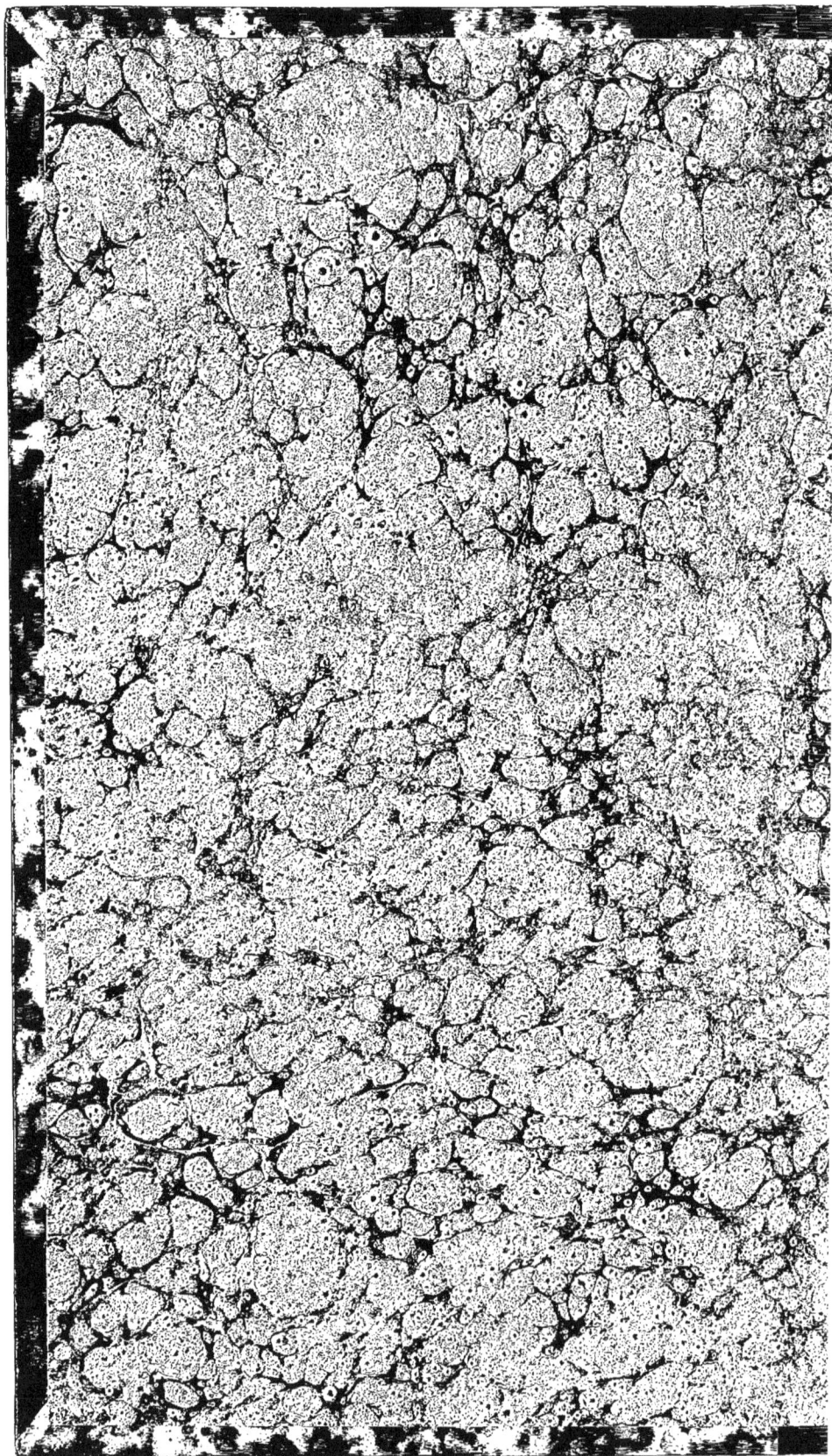

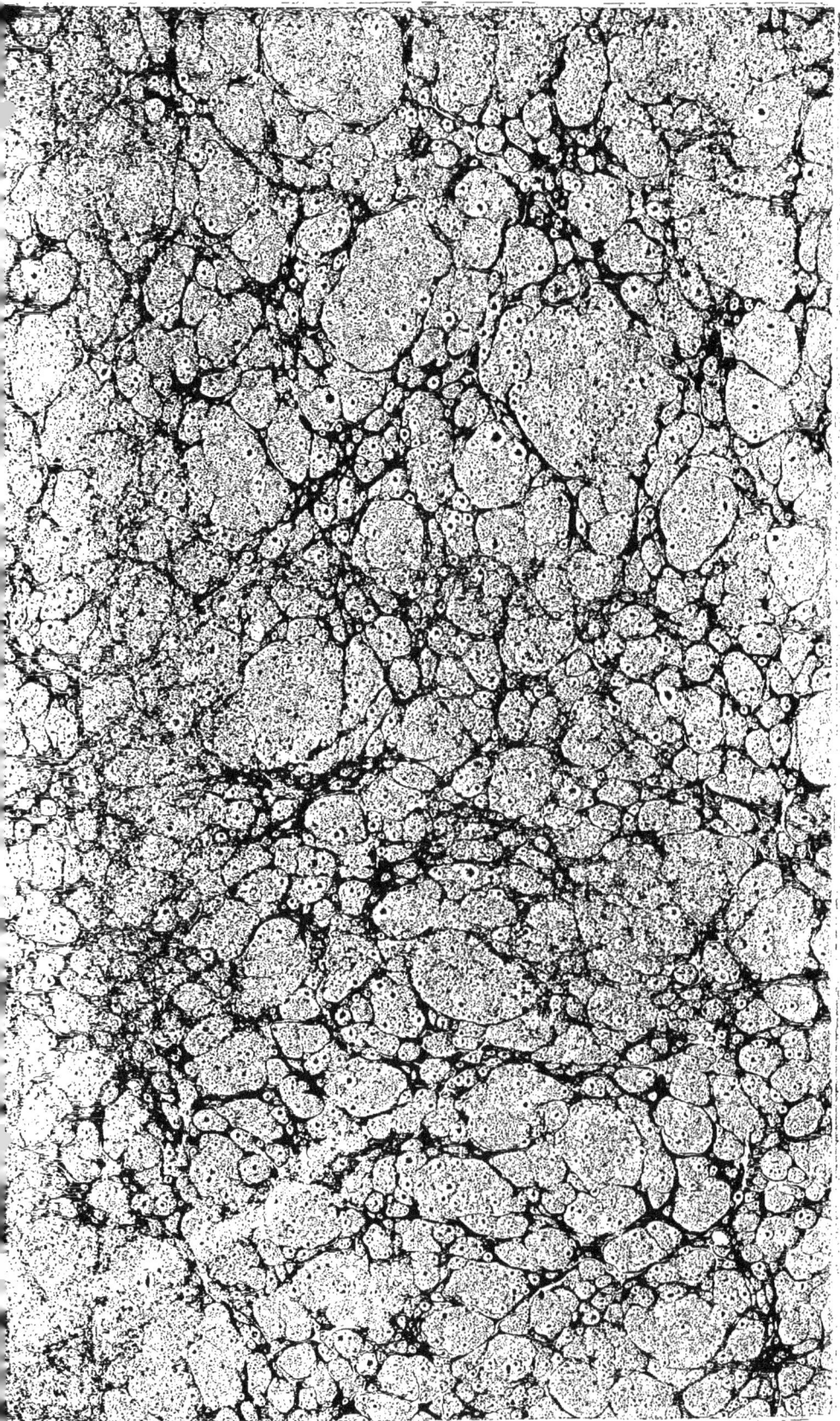

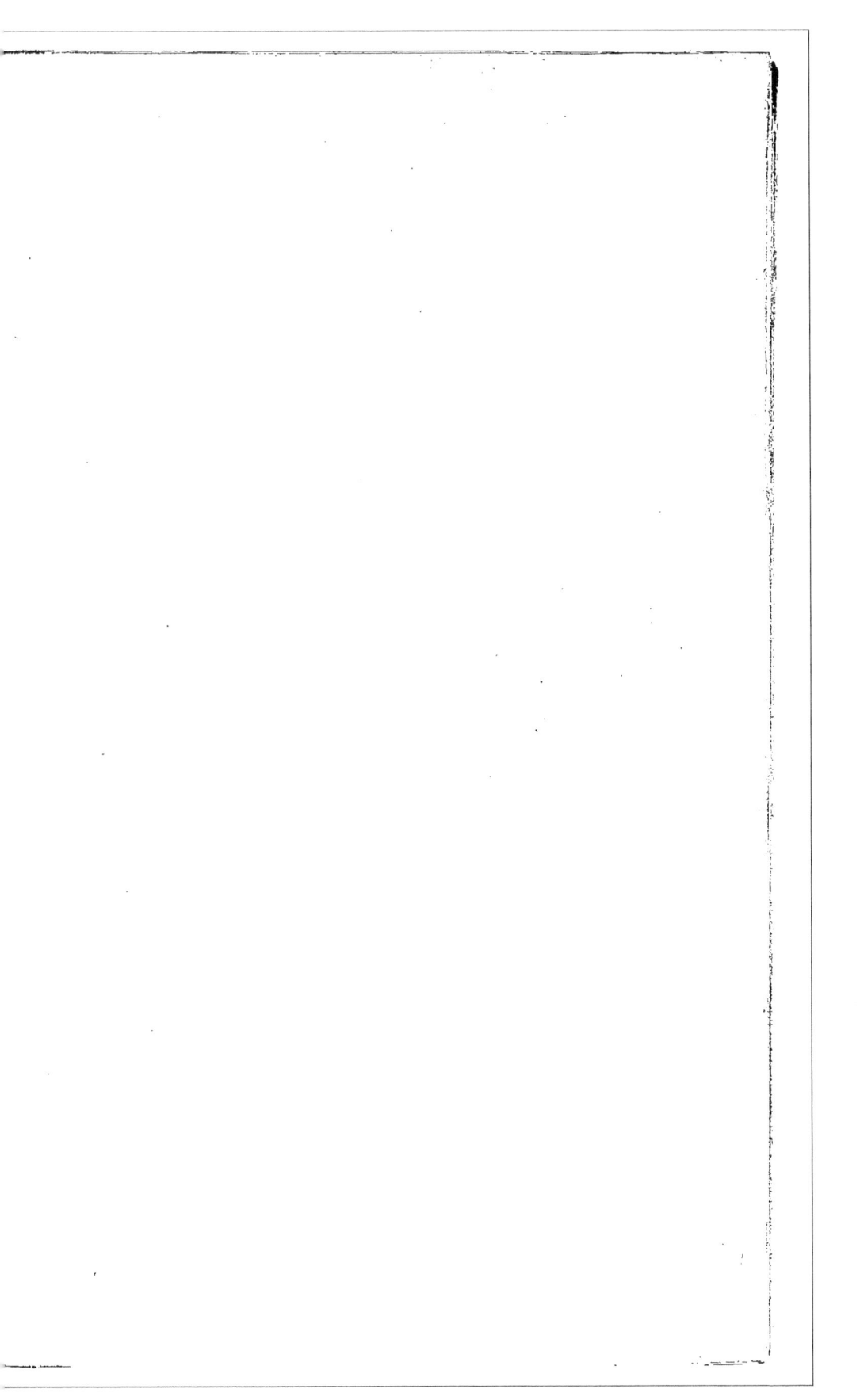

DE L'AMÉLIORATION

DES CHEVAUX

EN FRANCE.

DE L'AMÉLIORATION

DES CHEVAUX

EN FRANCE,

PAR M. LE DUC DE GUICHE.

Les chevaux arabes ont été de tout temps et sont encore
les premiers chevaux du monde, tant pour la beauté
que pour la bonté. C'est d'eux que l'on tire, soit
immédiatement, soit médiatement, les plus beaux
chevaux de l'Europe.

BUFFON.

PARIS,

GUIRAUDET, IMPRIMEUR,

RUE SAINT-HONORÉ, N° 315.

1829.

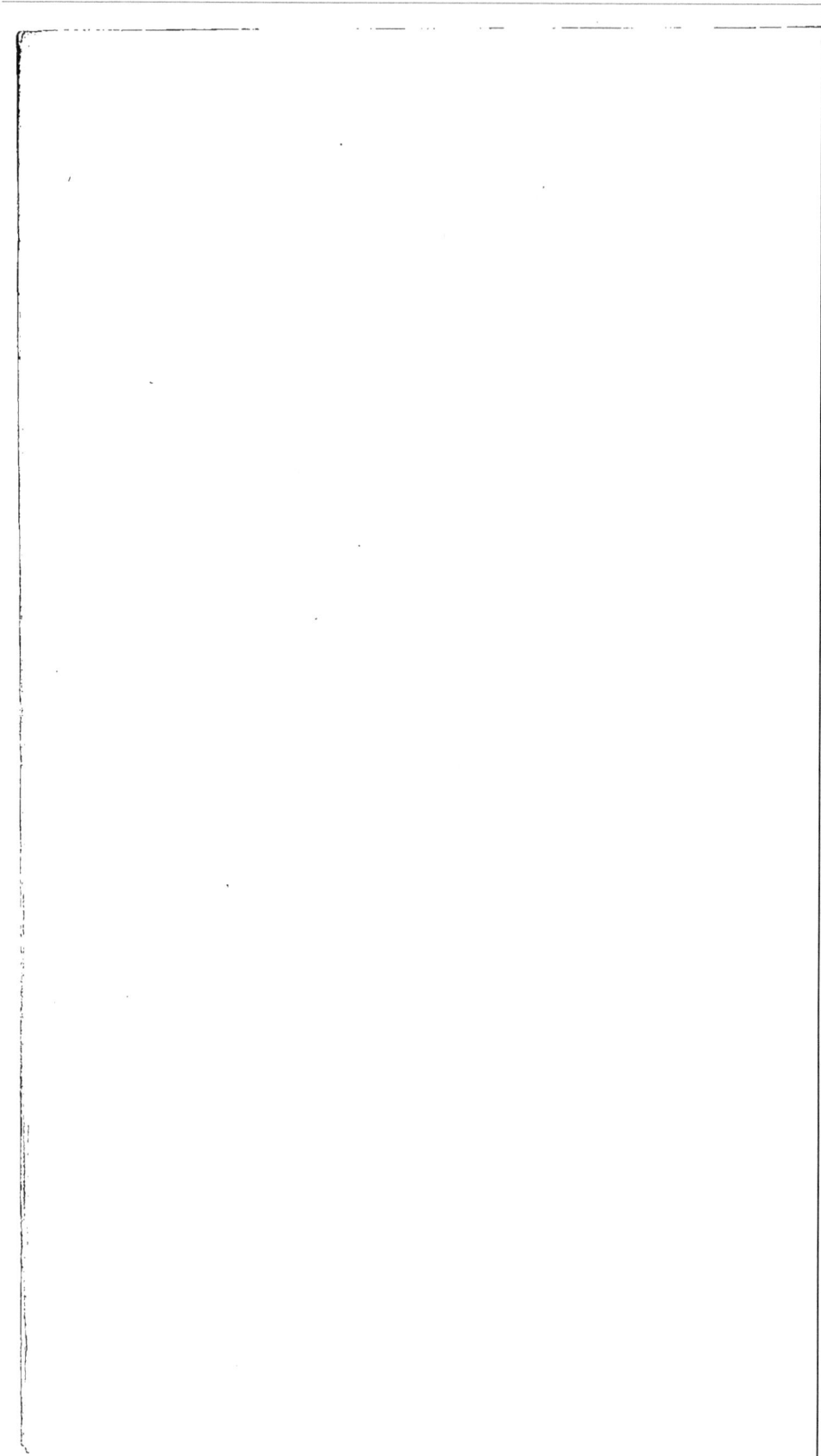

AVIS

DE L'ÉDITEUR.

Monsieur le Duc DE GUICHE, décidé par des considérations d'intérêt public, a bien voulu nous autoriser à réimprimer cette brochure, qu'il vient de faire tirer in-folio pour être présentée au Roi et distribuée aux Agents supérieurs de l'administration.

DE L'AMÉLIORATION

DES CHEVAUX

EN FRANCE.

L'administration des haras et l'amélioration des races de chevaux en France ont donné lieu à un grand nombre d'écrits et de projets; néanmoins aucun des auteurs qui ont traité ce sujet ne nous paraît l'avoir considéré sous son véritable point de vue.

Les uns, en effet, après avoir jeté un coup-d'œil rapide sur la dégénérescence progressive de nos chevaux et sur l'abâtardissement des races qui distinguaient autrefois les produits de nos différentes provinces, se contentent d'indiquer la nécessité où on se trouve de recourir à des chevaux de *pur sang* pour améliorer l'espèce. Ils proposent la création de quelques haras pourvus d'un certain nombre d'étalons ; et, entrant dans l'évaluation des dépenses qu'occasionerait l'entretien de ces établissements, ils se bornent à affirmer que, si le projet qu'ils présentent était mis à exécution, l'espèce de nos chevaux serait bientôt régénérée.

D'autres, et c'est le plus grand nombre, après quelques considérations générales sur la nécessité d'encourager les *éleveurs de chevaux*, entrent dans les détails relatifs au choix des étalons, à la monte des juments et à l'éducation des jeunes poulains. Mais ces aperçus sont loin d'être suffisants ; et pour parvenir à connaître tout ce qu'on peut attendre d'une sage administration dans cette branche importante de notre industrie agricole, il faut s'élever à des considérations plus générales et examiner la question sous toutes ses faces.

Nous avons pensé que le sujet de ce mémoire devait être divisé en trois parties :

La première, destinée à donner une statistique complète de la France sous le rapport de ses ressources en chevaux ;

La seconde, consacrée à déterminer le nombre et l'espèce de sujets nécessaires à chaque

genre de service , ou en d'autres termes à établir
ce qui *doit être ;*

Enfin , dans la troisième partie , nous essaie-
rons d'indiquer les moyens qui nous paraissent
les plus propres à atteindre le but vers lequel
doivent tendre nos efforts , et qui consistent non
seulement à nous affranchir de l'obligation où
nous sommes d'avoir recours à l'étranger , mais
encore à arriver au point de fournir nous-
mêmes à une partie des besoins de nos voisins,
et à créer ainsi une nouvelle source de richesses
par les exportations qui pourront avoir lieu.

Favorisée des plus heureux dons de la nature ,
la France possède dans son sein tous les éléments
de ce genre de prospérité ; il ne s'agit que d'en
féconder les germes et d'en accélérer le dévelop-
pement. Le climat , le sol , l'abondance et l'excel-
lente qualité des fourrages , sont un gage certain
de succès ; mais il faut que l'impulsion soit don-
née par une volonté ferme et imposante , qui,
sagement dirigée vers le but principal , ne se
laisse ni entraîner par le désir d'y arriver trop
rapidement , ni arrêter par les obstacles qu'elle
aura à surmonter. Il faut qu'aidée des lumières
de l'expérience et des règles d'une saine théorie ,
cette puissance marche d'un pas mesuré dans la

carrière des améliorations, et ce n'est que de
son heureuse influence que l'industrie peut attendre le grand bienfait de la régénération de
nos chevaux.

TITRE PREMIER.

—

STATISTIQUE DE LA FRANCE SOUS LE RAPPORT
DE SES RESSOURCES EN CHEVAUX.

S'il faut s'en rapporter aux états fournis par
l'administration générale des haras, le nombre
total de chevaux existant en France est environ
de 2,400,000 sujets de tout âge, qu'on peut
classer de la manière suivante :

Nés pendant l'année	190,000
De 1, 2, 3 et 4 ans faits	640,000
De 4 ans faits, jusqu'à l'âge de 8 ans faits inclusivement	870,000
De l'âge de 9 ans et au-dessus . .	700,000
Total.	2,400,000

En supposant qu'on ne livre au travail aucun
sujet avant l'âge de 3 ans révolus, on aura environ 1,730,000 chevaux en état de travailler.

On doit regretter que l'administration des

haras, en donnant le nombre approximatif de chevaux qui existent en France, ne soit pas entrée dans plus de détails et n'ait pas cherché à déterminer le nombre de juments poulinières et d'étalons qui se trouvent dans chaque département. Il eût été à désirer aussi qu'elle eût décrit le caractère distinctif des races de chaque localité, en indiquant les améliorations dont elles paraissent susceptibles. Classée ainsi par âge et par sexe, la masse des chevaux aurait pu être facilement divisée suivant la conformation des individus, leur taille, et le genre de service auquel ils sont particulièrement propres.

Enfin, la topographie de chaque département, sa température, sa division en terres labourables, en prairies et en bois ; le genre de culture qui y est adopté ; la quantité et l'espèce de fourrages qui y sont récoltés ; tous ces renseignements, disons-nous, auraient rendu facile une amélioration dont personne ne conteste l'utilité.

On eût pu, à l'aide de ces documents, assigner à chaque localité l'espèce de chevaux que les propriétaires auraient le plus d'intérêt à élever : car il ne faut pas oublier que le seul moyen d'obtenir des résultats satisfaisants et durables est d'éclairer les producteurs, et de leur démon-

trer tous les avantages qu'ils doivent trouver
dans un meilleur choix de juments et d'étalons
et dans le perfectionnement des soins à donner
à leurs élèves.

Privé des ressources que nous aurait offertes
la connaissance de ces faits, nous avons dû nous
borner à quelques indications générales qui, in-
dépendantes de telle ou telle circonstance parti-
culière, trouverout toujours leur place dans un
traité plus complet sur cette matière.

TITRE II.

—

NOMBRE ET ESPÈCES DE CHEVAUX NÉCESSAIRES A CHAQUE GENRE DE SERVICE.

Sans entrer ici dans l'énumération des différentes races de chevaux français décrites par plusieurs auteurs, et qui sont aujourd'hui tellement abâtardies qu'on a de la peine à en reconnaître le type, nous nous bornerons à faire remarquer qu'elles peuvent être réduites à deux principales, dans lesquelles il est facile de classer toutes les variétés que présente l'espèce chevaline.

La première race, dont nous désignerons le type sous le nom de cheval de *pur sang*, ou de *cheval léger*, comprend les chevaux de course, de chasse, de selle, de guerre, d'équipages, et tous ceux qui sont employés par les postes, les voitures ubliques et la petite agriculture.

La seconde race, que nous appellerons race de *chevaux de gros trait*, ou de *chevaux lourds*, est exclusivement destinée à fournir au service des hallages, au roulage ordinaire et à l'agriculture dans les fortes terres. Le type de cette race est le cheval *boulonnais*, ou *du nord*.

On peut évaluer à deux tiers le nombre de chevaux de la première race, et à un tiers celui des chevaux de gros trait employés dans les différents services.

Si donc on admet qu'il y a en France 1,730,000 chevaux en état de travailler, on doit supposer qu'il y a 1,153,000 chevaux légers et 577,000 chevaux de gros trait.

Les progrès de l'industrie, l'extension du commerce qui en est la suite, ne permettent pas de croire que le nombre de chevaux employés aujourd'hui puisse diminuer.

A mesure que l'aisance s'accroît, les besoins augmentent et deviennent plus pressants: aussi voit-on à Paris et dans les principales villes du royaume le nombre de chevaux de luxe devenir plus considérable de jour en jour.

Ainsi, loin de songer à restreindre la consommation des chevaux, il faut chercher à satisfaire abondamment à ce qui de jour en jour devient plus nécessaire; et les soins de l'administration doivent avoir pour but non seulement d'entretenir, mais encore d'augmenter le nombre des chevaux. Il faut aussi qu'elle prenne des mesures pour que les deux races que nous avons d'abord signalées soient améliorées le plus promptement possible et portées au degré de supériorité qu'ont acquis nos voisins dans ce genre d'industrie.

L'examen et l'appréciation des moyens à employer pour parvenir à ce résultat seront l'objet du titre suivant.

TITRE III.

—

MOYENS A EMPLOYER POUR AUGMENTER LE NOM-
BRE ET AMÉLIORER LES RACES DE CHEVAUX
EN FRANCE.

La plupart des auteurs pensent que la durée
moyenne de la vie d'un cheval n'est guère que
de 8 ans, et que par conséquent l'espèce se renou-
velle par huitième. Cette évaluation ne nous paraît pas être rigoureusement exacte : car, d'après
les documents fournis par l'administration des
haras, le nombre des naissances annuelles n'est
que de 190,000 poulains ou pouliches.

Si on ajoute à ce nombre 10 à 11,000 chevaux qui, déduction faite de l'exportation, entrent tous les ans en France, on aura 200,000
jeunes sujets chaque année, ce qui porte à croire
que le renouvellement des chevaux n'a lieu que
par douzième.

En supposant, en effet, que chacun des 200,000
jeunes chevaux vive 12 ans, on voit que ce nom-

bre pourra suffire à l'entretien de 2,400,000 chevaux. Nous n'avons pas établi de différence entre
les chevaux importés et les jeunes chevaux nés
en France, parce que le nombre des premiers
est très peu considérable, et que de plus un tiers
environ est admis à la frontière à l'état de pou-
lain.

L'administration des haras doit donc s'occuper avant tout des moyens qui peuvent porter
la production à 200,000 chevaux, au moins,
par an. Or l'expérience prouve qu'un tiers environ des juments qui reçoivent l'étalon ne sont
point fécondées, avortent ou meurent pendant
la gestation : dès lors il faut admettre qu'il est
nécessaire que le nombre de juments poulinières
soit au moins de 300,000.

On pense généralement, et le dernier rapport
présenté par la commission des haras confirme
ce fait, que chaque étalon doit saillir 30 juments. (En 1828, l'état possédait 1239 étalons,
qui ont sailli 40,720 juments, ce qui fait 32 juments par étalon.) Il faudrait donc avoir au
moins 10,000 étalons, savoir : 6,667 de pur
sang ou chevaux légers, et 3,333 de gros trait.

D'après le rapport de la commission des haras, le nombre d'étalons appartenant à l'état

n'est que de 1,230, y compris 24 jeunes étalons achetés dans l'année.

Parmi ces 1,230 étalons, 150 environ sont destinés à la reproduction des chevaux de gros trait, et 1,080 à celle des chevaux de la première race. Dans ce dernier nombre on compte 25 étalons anglais de race pure, et 48 chevaux arabes.

Avant d'entrer dans l'examen des opérations de détail dont l'administration aura à s'occuper, nous croyons qu'il est convenable de faire ici quelques observations générales sur les différentes races de chevaux et sur les qualités qui doivent déterminer le choix des étalons les plus propres à nos haras.

Les observations des naturalistes et l'expérience démontrent évidemment que les espèces de chevaux varient suivant le terrain, le climat auquel ils appartiennent, et les lieux où ils sont élevés ;

Que le cheval des pays chauds, élevé sur un terrain sec, offre dans sa structure les plus justes proportions ; qu'il a la peau la plus fine, le poil le plus lisse ; qu'il est doué de beaucoup d'intelligence, de vigueur et de docilité ; enfin, qu'il est le plus vite, le plus léger, et possède au plus haut degré toutes les qualités qui constituent le cheval de selle.

Dans les pays du nord, au contraire, les races, en apparence plus robustes, offrent une conformation irrégulière et peu agréable à l'œil ; ces chevaux ont le poil long et dur ; leurs allures sont lourdes, lentes, et ils paraissent plutôt nés pour le trait que pour la selle.

Mais ce qui n'est pas moins constant, c'est que toutes les races peuvent, avec des soins convenables, prospérer dans tous les pays habités, et plus particulièrement encore dans ceux qui abondent en riches pâturages et dont le climat est tempéré.

Le moyen le plus sûr, peut-être, de remonter à l'origine des différentes races dans l'espèce chevaline, serait de la diviser en deux races distinctes comme nous l'avons déjà indiqué : celle des chevaux *fins* et *légers*, et celle des chevaux *gros* et *lourds*. Toutes les autres variétés de l'espèce peuvent se rattacher à ces deux origines ; et, quelque éloignées qu'elles soient du type primitif, elles sont également soumises à l'influence du climat et du sol.

D'après ces considérations, nous n'allons reconnaître que deux races proprement dites : celle du midi, pure arabe, ou cheval vite et fin; et la race du nord, ou cheval gros et lent. Tout autre cheval provenant de l'une ou de l'autre de ces deux races, et croisé avec des espèces communes, sera désigné sous le nom de *croisé*.

Il ne paraît pas probable (et le cheval de pur sang anglais en fournit un exemple) que le temps, le sol, ni le climat, puissent jamais changer ou convertir le cheval à jambe plate, à tendons détachés et à poil fin des pays méridionaux, en un cheval du nord, lourd, à formes arrondies et à jambes charnues.

L'on peut supposer et tout porte à croire que les pays où se sont formés originairement ces deux races distinctes sont l'Arabie et le nord de l'Europe.

L'Arabie est le pays du monde où l'on a le plus anciennement élevé des chevaux; depuis un temps immémorial il est reconnu que cette partie de l'Orient possède une race pure restée sans mélange, et l'histoire des temps anciens et modernes prouve que ces chevaux, par leurs formes et leurs qualités, ont toujours été supérieurs à toute autre race.

En Asie, tous les chevaux nés près de l'Arabie, et principalement le cheval tartare, turcoman et persan, doivent leur supériorité à leur croisement constant avec le pur sang arabe.

En Afrique, les chevaux égyptiens, donghola, barbes, abyssiniens, ceux du royaume de Maroc, ont également soutenu leur renommée par des croisements avec la race arabe ; mais la dégénération devient sensible à mesure que l'on s'éloigne de l'Arabie et que les communications avec la race primitive deviennent plus difficiles.

En Europe, les races qui, jusqu'à nos jours, ont conservé le plus de réputation sont celles qui appartiennent aux pays qui ont eu le plus de rapport avec la côte d'Afrique, ou dont les chevaux ont été croisés directement avec le cheval arabe.

Après l'expulsion des Maures, les chevaux espagnols ont offert de beaux modèles aussi longtemps qu'on a pu y retrouver quelques traits du cheval africain. Maintenant, toute communication avec ce pays étant interdite, l'espèce chevaline de la Péninsule a dégénéré au point qu'elle est devenue inférieure en qualité à celle des autres pays de l'Europe, et cette dégénération, incontestable pour tous ceux qui ont parcouru cette malheureuse contrée, se manifeste moins encore par les formes extérieures que par le manque de fonds, qualité reconnue la plus essentielle au cheval.

En Italie, les espèces de la Romagne, de Naples , de la Calabre et de la Sicile, ont, par des croisements récents avec les espèces d'Afrique, acquis plus d'ardeur et de fonds qu'aucune des races européennes déjà citées.

En Allemagne, les chevaux hongrois et transylvains n'ont conservé leurs précieuses qualités que par des croisements constants avec le cheval arabe.

En Russie et en Pologne , les différentes races de chevaux ont toujours été améliorées par les juments et étalons arabes et orientaux que possèdent les nombreux haras dont l'aristocratie dote ces deux pays.

En France, les chevaux ont moins de rapport avec les races du midi ; et si le cheval Navarrain, celui du Limousin, de la Camargue, de l'Auvergne et des Ardennes , ont conservé quelques qualités, ils les doivent à leur croisement avec les races espagnoles, africaines et arabes. Plus on s'est éloigné de l'époque de ces croisements, plus la dégénération a fait des progrès rapides.

Tous ces faits prouvent évidemment que le

pur sang est originaire d'Arabie, et que c'est ce pays qui a toujours fourni le moyen d'améliorer les autres races. Plus on s'en éloigne, plus la dégénération devient sensible; plus on s'en rapproche, et plus on obtient des résultats satisfaisants.

Pénétrés de cette vérité les Anglais sont les premiers qui ont conçu la possibilité d'importer et d'établir chez eux ce *type régénérateur*, et de délivrer ainsi leurs races indigènes d'un fâcheux recours à l'étranger. Ils ont envoyé en Arabie des connaisseurs habiles qui ont choisi, parmi les meilleures races, des juments et des étalons avec lesquels ils ont créé leur race actuelle de *pur sang*, qui, après avoir éprouvé de grandes améliorations par des *accouplements* (1) sagement combinés et par des importations nouvelles, est enfin devenue *supérieure à la race* dont elle tirait son origine. Le sol fécond de l'Angleterre, en fournissant aux chevaux arabes une abondante et succulente nourriture, ne tar-

---

(1) Nous désignerons par *accouplement* l'acte de la génération entre deux individus de *pur sang*, et par *croisement*, celui de deux sujets dont l'un n'est pas de *pur sang*.

da pas à élever leur taille, et les soins apportés dans les alliances contribuèrent à leur conserver cette symétrie des formes qui est l'heureux apanage du cheval d'Orient.

En acquérant plus de forces et de taille, sans perdre aucune de ses qualités primitives, l'étalon de *pur sang* s'est mis en rapport avec les besoins du pays; et à l'exception du cheval de *gros trait*, il est aujourd'hui devenu le plus apte à régénérer toutes les races. Aussi les naturels du pays lui donnent-ils la préférence sur le cheval arabe lui-même.

Le choix que nous ferions de l'étalon de pur sang anglais serait d'autant plus avantageux que nous gagnerions le temps que nos voisins ont dû mettre à arriver au point auquel ils sont parvenus.

Il résulte de ces considérations que le cheval arabe, et plus particulièrement encore l'étalon anglais de pur sang, sont les seuls convenables à la France, et dont il faudrait peupler avec profusion toutes les provinces où l'on élève le plus de chevaux. Il semblerait donc qu'un des premiers soins de l'administration des haras devrait être d'acheter un nombre suffisant d'étalons anglais et arabes pour améliorer la race de

nos chevaux ; mais les frais énormes qu'entraîne
rait cette entreprise , joints à la difficulté qu'on
aurait à se procurer le nombre nécessaire de
sujets , doivent faire abandonner cette idée. Il
vaut mieux, à l'exemple des Anglais, créer nous-
mêmes les éléments de cette nouvelle richesse
et former des haras qui puissent nous donner
assez d'étalons de *pur sang* pour satisfaire aux
besoins de la reproduction.

Sans doute ce nouveau système trouvera parmi nous quelque opposition , mais il n'est pas
inutile de faire remarquer ici qu'il eut le même
sort en Angleterre , et que ce n'est pas sans
peine qu'il est parvenu à s'y établir, quoiqu'il
fût protégé par l'autorité. Les règlements sévères
dictés alors par l'esprit peu éclairé du siècle furent loin de produire l'effet qu'on en attendait.
Vainement les magistrats furent autorisés à faire
tuer toutes les juments dont la taille ne leur
paraissait pas suffisamment élevée ; vainement
l'exportation des chevaux, et plus particulièrement encore celle des étalons, fut-elle prohibée :
ces mesures restrictives et arbitraires, qu'il serait aujourd'hui si impossible de rétablir , ne
donnèrent aucun résultat favorable; ces règlements, partageant le sort de toutes les vieilles

lois anglaises , sont tombés en désuétude , et on tenterait inutilement de les remettre en vigueur, quoiqu'ils n'aient point été formellement abolis , tant le génie créateur et conservateur de ce peuple repousse les entraves que l'ignorance et la routine voudraient lui imposer.

C'est à ses souverains que l'Angleterre est redevable de la supériorité de la race de ses chevaux; c'est à leur exemple que la noblesse du pays s'est mise à la tête de ce genre d'industrie et lui a donné une si favorable extension. Les premières améliorations dont l'espèce chevaline s'est ressentie en Angleterre remontent au règne de Henri VII et de Henri VIII. C'est alors qu'on commença à importer des chevaux arabes pour l'amélioration de la race légère et vite , et des chevaux belges destinés à saillir des juments de gros trait.

Sous le règne de Jacques 1er, les courses de chevaux devinrent générales dans toute l'Angleterre , et cet utile amusement, encouragé par tous les princes de la maison des Stuart, rendit l'établissement et l'entretien de haras presque indispensable à la dignité de la couronne. Cromwell lui-même, au milieu de ses graves et inquiètes occupations, et pour mieux singer la pompe de la royauté, se crut obligé d'élever et de faire exercer des chevaux pour la course ; le nom du directeur de son haras, et celui de quelques chevaux qu'il a produits, sont inséparables de son histoire.

Sous le règne de Charles II, dans le but de donner de nouveaux encouragements aux éleveurs, d'améliorer la race et d'augmenter le nombre de chevaux propres à la chasse, à la guerre, et aux autres usages, les courses furent rendues plus intéressantes par l'établissement de prix royaux ; l'industrie fut affranchie du régime prohibitif; l'exportation fut tolérée.

Tous les successeurs de Henri VII, même ceux qui avaient le moins de goût pour les chevaux, ont constamment soutenu et protégé cette branche d'industrie par des importations fréquentes et onéreuses d'étalons et de juments arabes, persans, turcs et barbes. Aussi trouve-t-on dans tous les livres qui traitent de cet objet les souvenirs reconnaissants de la nation anglaise perpétués par la désignation de *King's arabian*, *King's barbe*, etc., conservée à ces chevaux qui ont fondé la race de *pur sang*.

L'incertitude de la réussite des premiers essais tentés en Angleterre doit frapper les esprits :

aussi n'est-il pas étonnant que la plupart des propriétaires aient d'abord reculé devant l'idée de mettre en pratique un système dont aucun exemple ne pouvait encore garantir le succès.

Plus heureux que nos voisins, nous avons leur expérience en notre faveur, et si l'amélioration de l'espèce chevaline a été plus tardive chez nous, elle doit y faire des progrès d'autant plus rapides que les lumières sont plus généralement répandues, que nous pouvons profiter des avantages que nous offre la race de pur sang anglais pour obtenir promptement de bons résultats, et que, loin d'avoir à craindre des obstacles ou des entraves de la part de l'autorité, nous avons la certitude de trouver en elle secours et assistance.

Mais, à l'imitation de l'Angleterre, nous invoquerons l'exemple et la puissante intervention de nos souverains. Espérons que nos vœux ne parviendront pas inutilement au pied du trône; que les encouragements que nous sollicitons, nous les recevrons de l'inépuisable bonté du roi, et que la France devra à Charles X, comme l'Angleterre la dut à Charles II, une des améliorations les plus importantes, un des plus grands bienfaits qui puissent signaler la durée d'un règne.

L'objet principal de ce mémoire étant d'indiquer les moyens qui nous paraissent les plus propres à obtenir un nombre suffisant de bons étalons, nous ferons remarquer que, d'après les calculs que nous avons établis, il faudrait avoir
environ 7000 étalons de *pur sang*, à cause des
accidents ou maladies qui peuvent survenir.
Mais il n'en existe que 1000, parmi lesquels 73
seulement sont de race pure anglaise ou arabe :
il faudrait donc se procurer au moins 6 à 7000
étalons de pur sang. La table placée à la fin de
ce mémoire, et destinée à indiquer le nombre
de juments et d'étalons que produirait un haras
formé de 50 juments poulinières et de 2 étalons
de pur sang, servira à faire connaître le nombre
d'années nécessaires pour obtenir les 6000 étalons réclamés par les besoins de la reproduction : cette époque est évidemment subordonnée
au nombre de haras qui seront créés.

Plusieurs auteurs pensent qu'il est indispensable de revenir au sang arabe, et que la race anglaise elle-même finirait par dégénérer, si on ne
remontait pas au cheval primitif. Cette consi-
dération (quoique l'opinion qui la fait naître ne
soit pas unanime), jointe à la nécessité de pro-
portionner les étalons à la taille et à la confor-

mation des juments qu'ils auront à saillir, dans quelques localités, nous fait penser qu'il faudrait avoir à la fois des haras de race anglaise et de race arabe; non pas que nous croyons devoir les mettre sur la même ligne : nous pensons, au contraire, d'après les motifs que nous en avons donnés, que l'étalon de pur sang anglais est préférable, et qu'il est à peu près le seul qu'on doive employer dans les croisements; mais il nous paraîtrait utile d'établir chez nous, à l'exemple des Anglais, une race de chevaux de *pur sang français* résultant de l'accouplement de juments et d'étalons arabes et de leurs produits sans aucun mélange de sang.

On ne saurait douter que l'influence du sol, du climat et de la nourriture, ne dût apporter successivement dans cette race de grandes améliorations, analogues à celles qu'on a obtenues en Angleterre.

Avant que les haras que nous proposons d'établir, et qui devraient être formés chacun de 50 juments et de 2 étalons, aient pu fournir le nombre total d'étalons nécessaires à la France, leur action régénératrice se fera sentir parmi les juments ordinaires, parce que, dès la sixième année, les produits seront envoyés dans les dépôts, où ils amélioreront la race indigène par d'utiles croisements.

Le nombre de haras qu'on établirait étant déterminé, il sera facile de calculer la proportion dans laquelle l'amélioration de l'espèce se fera par le croisement : il suffira pour cela de multiplier le nombre d'étalons mis en service chaque année par 30, nombre moyen de juments que chacun d'eux peut sauter ; on aura ainsi le nombre de juments saillies. Tout nous porte à croire que chaque étalon peut servir dans l'année plus de 30 juments ; nous sommes fondé à penser que ce nombre peut aller jusqu'à 50, mais nous nous sommes borné à 30, afin de ne pouvoir être accusé d'avoir exagéré l'heureux effet qu'on doit attendre des croisements que nous proposons. Des primes d'encouragement devraient être accordées aux propriétaires qui présenteraient aux étalons du gouvernement le plus grand nombre de juments distinguées.

Les mesures proposées par la commission des haras, dans son rapport du 1er juin 1829, nous paraissent également, si elles étaient adoptées, devoir contribuer puissamment à l'amélioration de l'espèce chevaline.

Quelques officiers de cavalerie ont pensé que

le ministère de la guerre pourrait acheter les poulains en bas âge et les élever jusqu'à ce qu'ils fussent en état de servir à remonter la cavalerie. Cette éducation serait d'abord onéreuse à l'état, car les chevaux coûteraient plus cher qu'ils ne coûtent aujourd'hui ; mais cet inconvénient serait racheté par la qualité supérieure des produits et par les avantages que les éleveurs trouveraient à se défaire de leurs poulains en bas âge, sans courir les chances si communes de perte et d'accident. Plus tard, le gouvernement pourrait laisser à l'industrie le soin de faire naître et élever les chevaux ; mais, jusqu'à ce que nous ayons atteint ce but, il faut nécessairement que l'autorité intervienne. Un autre avantage résulterait de cette mesure : les jeunes poulains étant séparés des juments, il n'y aurait plus à craindre ces fécondations prématurées qui sont si nuisibles à l'espèce.

Déjà notre cavalerie ne reçoit que des chevaux français ; il serait à désirer qu'on n'admît point dans ses rangs de juments, afin de les conserver pour la reproduction.

Les courses établies en Angleterre sont aussi un des moyens les plus propres à exciter et à entretenir le goût des chevaux *de race*. Plus un

cheval a de vigueur, de régularité dans sa con
formation, et d'ensemble dans ses proportions
plus il est propre aux différents usages auxquel
on le destine ; mais ces conditions deviennen
surtout indispensables pour les sujets dont on
exige le plus de vitesse. Ainsi, pour faire un
cheval de course, il faut nécessairement tâcher
d'atteindre la perfection sous tous les rapports
et c'est avec raison qu'on a considéré la course
comme la meilleure épreuve et le seul moyen
qu'on ait de reconnaître et d'apprécier les véri-
tables qualités d'un cheval. Un des plus grands
encouragements que puisse recevoir le genre
d'industrie qui fait l'objet de ce mémoire serai
l'établissement de terrains *de courses* dans les
localités où l'on élève le plus de chevaux. Le
bois de Boulogne, dont les revenus sont presque
nuls, et dont la bonté du Roi a réservé la jouis-
sance aux habitants de Paris, offre toutes les
conditions nécessaires à une telle disposition, et
il serait facile d'y établir une carrière ou terrain
de course où les connaisseurs de la capitale vien-
draient juger du mérite de leurs chevaux.

Nous ne saurions assez le répéter, au Roi seul
appartient l'honneur de changer l'état des choses.
Placés sous la protection immédiate de Sa Ma-

jesté, les nouveaux haras dont nous demandons l'établissement seront bientôt créés, et avant peu ils fourniront à tous nos besoins. Heureuse de compter ce bienfait de plus, la France saura reporter vers le trône l'hommage de sa reconnaissance, et cette nouvelle faveur accordée à l'industrie redoublera encore l'amour des Français pour l'auguste dynastie à laquelle elle doit tant de biens.

En résumé nous pensons :

1° Que, dans le choix des étalons nécessaires aux besoins de la France, on doit se borner à ne reconnaître, comme en Angleterre, que deux races : la première dite cheval de *pur sang*, ou *léger*, et la deuxième dite *cheval lourd*, ou de *gros trait ;*

2° Que deux moyens seulement nous sont offerts pour régénérer l'espèce de nos chevaux :

L'un est le croisement d'une partie des juments du pays avec des étalons de *pur sang*, pour les chevaux légers, et du reste des poulinières avec le cheval boulonnais ou comtois, pour les chevaux lourds ;

L'autre, l'accouplement des juments de race pure avec des étalons pareils, pour conserver parmi nous la race *type de pur sang ;*

3° Que, pour parvenir à ce résultat, il faut faire disparaître les étalons dégénérés qui existent aujourd'hui, et leur substituer les produits des *accouplements* que nous venons d'indiquer. Les pouliches qui naîtront de ces mêmes accouplements serviront à entretenir et à augmenter le nombre d'étalons de pure race nécessaires à la reproduction, et à fonder chez nous deux races modèles ou types : celle de *pur sang*, et celle de cheval de *gros trait*. Les produits des croisements tendront toujours à se rapprocher de l'une ou de l'autre de ces deux races ;

4° Que, pour faire marcher de front les deux moyens d'amélioration que nous venons d'indiquer, il faut avoir à la fois des haras destinés à donner des produits de race pure et des dépôts d'étalons affectés au service des juments poulinières du pays ;

5° Que, pour avoir le nombre d'étalons nécessaires, il faut établir 12 haras, formés chacun de 50 juments et de 2 étalons ; savoir : 9 haras de pur sang, et 3 de gros trait. En moins de 19 ans ces 12 haras auront fait disparaître les étalons communs du pays, et auront fourni environ 10,000 juments de pur sang et de race pure de *gros trait ;*

6° Qu'en raison du doute qui existe encore sur la question de savoir s'il convient ou non de mêler à de certaines époques du sang arabe au *pur sang*, un haras sera formé de juments et d'étalons de belle race arabe, et les 8 autres de juments et d'étalons de pur sang anglais.

Si on trouve l'établissement et l'entretien de 12 haras trop dispendieux, on pourra laisser provisoirement à l'industrie le soin de pourvoir au renouvellement de l'espèce de chevaux de gros trait, et on n'aura plus à s'occuper que des 9 haras que nous croyons nécessaires à la régénération de la race du *cheval léger* ;

7° Que, pour s'assurer des qualités des jeunes chevaux de pur sang, il faut avoir des terrains de course, et décerner des prix à ceux qui auront montré le plus de vigueur et d'agilité ;

8° Qu'il faut établir, comme en Angleterre, un *stud book* dans lequel sera inscrite la généalogie de chaque produit de pur sang, et un second registre semblable au premier, destiné à recevoir les mêmes indications pour les chevaux croisés ;

9° Qu'un des plus puissants encouragements qu'ont pût donner aux éleveurs serait la création en Auvergne, ou dans quelque autre contrée de la France, d'un vaste établissement formé de jeunes poulains destinés aux remontes de la cavalerie;

10° Qu'aussitôt que les haras auront donné un nombre suffisant de produits, il sera formé des dépôts d'étalons dans les lieux les plus convenables, et que chacun des chefs de ces établissements sera tenu de rédiger une instruction pour les éleveurs, appropriée à la localité et conforme aux principes généraux adoptés par l'administration des haras;

11° Qu'enfin, si Sa Majesté daigne accorder son auguste suffrage à notre travail et donner la première impulsion au grand changement que nous proposons, elle sera suppliée de vouloir bien ordonner qu'il soit formé dans ses domaines deux haras, l'un de chevaux de race arabe, et l'autre de pur sang anglais, et prescrire à l'intendant de ses domaines de faire établir un terrain de course dans le bois de Boulogne.

Déjà le Roi, dans son inépuisable bonté, a daigné accorder un prix annuel aux courses de Paris, d'une valeur de 6,000 fr.; il serait à désirer qu'il fût possible d'y ajouter le don d'une jument pleine, de pur sang, marquée au chiffre de Sa Majesté, et qui ne pourrait, sous aucun prétexte, sortir du royaume.

Le prix Dauphin, composé d'une coupe d'argent et d'une somme de 2,000 fr., est aussi un puissant encouragement; mais le but serait bien plus sûrement atteint si Son Altesse Royale daignait encore joindre au prix *Dauphin* une jument poulinière de pur sang, de belle conformation, marquée de son chiffre, et qui ne pourrait également sortir du royaume.

Enfin, il resterait à solliciter des bontés de Leurs Altesses Royales Madame la Dauphine, Madame, duchesse de Berri, et Monseigneur le duc de Bordeaux, qu'elles daignassent fonder des prix qui se composeraient d'une jument poulinière de pur sang, marquée au chiffre de Leurs Altesses Royales, et qui ne pourrait non plus jamais sortir du royaume.

Nous croyons devoir, en finissant, faire observer que ce mémoire n'est qu'une déduction de principes. Nous nous sommes beaucoup étendu sur la nécessité de régénérer en France l'espèce chevaline, et sur les seuls moyens possibles de parvenir à ce but par l'établissement de haras de chevaux de pur sang, soit arabe, soit anglais, et de haras de chevaux de gros trait. C'est là le point de départ de toutes nos idées et de tous nos raisonnements, en un mot c'est l'âme de notre système. Nous avons dû, et nous devrons encore par la suite, y revenir souvent.

Nous aurions pu entrer dans les détails de la formation d'un haras ; parler du terrain nécessaire à son établissement, des diverses cultures à y introduire, des bâtiments à y construire, enfin de l'administration et des règles à y appliquer : nous nous en sommes abstenu parce que nous avons pensé que ce devrait être l'objet d'un mémoire particulier.

Nous nous sommes également abstenu de nous jeter dans l'énumération de tous les moyens à employer et de toutes les précautions à prendre pour obtenir les qualités et jusqu'au caractère que l'on désire dans un cheval que l'on destine à tel usage particulier. Ainsi nous n'avons pas dit que, si l'on désirait un trotteur, il fallait accoupler un étalon et une jument qui possédassent pareillement cette qualité. Nous n'avons pas dit que, si un étalon avait un caractère trop ardent, il fallait lui donner une jument d'un caractère froid, afin d'obtenir un produit qui eût une vivacité raisonnable. Nous avons cru que ces observations, et beaucoup d'autres du même

genre, se trouveraient naturellement placées
dans une instruction que nous nous proposons
de rédiger pour les éleveurs, classe d'indus-
triels qui est presque à créer parmi nous, et à
laquelle il importe de donner les meilleures di-
rections, attendu qu'une fois l'habitude prise et
les bons résultats obtenus, il ne sera pas à craindre que l'on s'en écarte.

Nécessité de substituer en France de bonnes
races de chevaux à de mauvaises, moyens à
prendre pour y arriver, tel est le but de ce mémoire.

OBSERVATIONS

SUR LA FORMATION DU TABLEAU N° 1.

(VOYEZ A LA FIN.)

—

1re ANNÉE. — Sur 50 juments poulinières, on suppose que les deux tiers seulement, ou 34, mettent au jour des produits viables, ce qui donne 11 poulains et 23 pouliches.

2° ANNÉE. — On suppose que un vingt-huitième environ(*), ou 0,39 poulains sur 11, et 0,80 pouliches sur 23, sont morts.

---

(1) Cette perte de un vingt-huitième par an sur les élè-ves a été évaluée d'après les calculs fournis par l'admi-nistration des haras. Si, en effet, le nombre de naissan-ces est de 190,000 au bout de quatre ans, s'il n'y avait eu ni mortalité, ni accident, il devrait rester 760,000 che-

3ᵉ ANNÉE. — On suppose en outre que sur les 10,61 poulains il en meurt un vingt-huitième, ou bien 0,37 ; reste à 10,24 poulains et 21,41 pouliches de 2 à 3 ans.

4ᵉ ANNÉE. — On suppose en outre que sur les 10,24 poulains et 21,41 pouliches il en est mort un vingt-huitième , ce qui fait qu'il n'en reste plus que 9,88 poulains et 20,65 pouliches.

5ᵉ ANNÉE. — On suppose en outre que sur les 9,88 poulains il en meurt un vingt-huitième, ou bien 0,35 , ce qui fait qu'il n'en reste que 9,53. Mais le nombre des juments poulinières s'est accru de 20,65 pouliches qui ont terminé leur quatrième année, et qui dès lors ont dû être destinées à la reproduction : ce qui a porté le nombre des naissances produit par 70,65 juments poulinières à 47,10 , savoir : 15,70 poulains et 31,40 pouliches.

---

vaux; il n'en reste que 640,000 , environ les six septièmes : la perte a donc été de un septième pour les quatre ans , ou de un vingt-huitième par an. Néanmoins nous pensons que cette évaluation est fort au-dessous de la réalité.

6ᵉ ANNÉE. — Le nombre d'étalons aug-
mente de 9,53 par l'admission des poulains de
5 ans faits. Il y en a donc 11,53 ; mais si on
néglige la fraction 0,53 à cause de la mortalité
qui a pu survenir parmi les étalons primitifs,
on aura 11 étalons. Le nombre des juments
poulinières doit être augmenté de 20,65, ce qui
porte ce nombre à 91,30. Retranchant 3,22 pour
les mortalités qui peuvent survenir parmi les
juments poulinières primitives, on aura 88 juments, qui donneront 58 produits, savoir : 19
poulains, et 39 pouliches. Sur les 15,70 poulains et 31,40 pouliches, il est mort dans l'année un ving-huitième, ou bien 0,56 poulains
et 1,12 pouliches, ce qui fait qu'il n'en reste que
15,14 poulains et 30,28 pouliches.

7ᵉ ANNÉE. — Le nombre d'étalons doit s'accroître de 9,53 ; négligeant la fraction 0,53 à
cause des mortalités présumées, reste à 9, qui,
ajoutés à 11 , donnent 20 étalons.

Le nombre de juments doit s'augmenter de
20,65 , ce qui le porterait à 108,65 ; négligeant
3,88 , à cause de la mortalité, reste à 104 juments, qui donneront 70 produits, savoir : 23
poulains et 47 pouliches.

Les 19 poulains de l'année précédente éprouvent une diminution de un vingt-huitième, ou
bien 0,67, en sorte qu'ils se trouvent réduits
à 18,33.

Les 39 pouliches de l'année précédente éprouvent une diminution de un vingt-huitième, et
se réduisent à 37,97.

Les 15,14 poulains de 1 à 2 ans éprouvent
aussi une diminution de un vingt-huitième, ou
bien 0,54, ce qui réduit leur nombre à 14,60.

Les 30,28 pouliches éprouvent aussi une diminution de un vingt-huitième, ou 1,08, et
sont réduites à 29,20.

8e ANNÉE. — Le nombre d'étalons s'accroît
de 9,53, et devrait, par conséquent, être de
29,53; négligeant la fraction 0,53, à cause de
la mortalité, nous aurons 29 étalons.

Le nombre de juments doit s'accroître de
20,65, ce qui ferait 124,65; négligeant 4,40 à
cause de la mortalité, nous aurons 120 juments
poulinières, qui donneront 80 produits, savoir
26 poulains et 54 pouliches.

Les 23 poulains d'un an réduits de un vingt-
huitième, ou bien 0,82, donneront 22,18.

Les 18,33 poulains de 1 à 2 ans éprouveront une diminution de un vingt-huitième, ce qui fait qu'il restera 17,68.

Les 14,60 poulains de 2 à 3 ans éprouveront une diminution de un vingt-huitième, ou de 0,52, ce qui fait qu'il en restera 14,08.

Les 47 pouliches de 1 an, réduites de un vingt-huitième, ou 1,60, seront réduites à 45,40.

Les 37,97 de 1 à 2 ans, diminuées de 1,36, resteront à 36,61.

Les 29,20 de 2 à 3 ans, diminuées de 1,04, resteront à 28,16.

9ᵉ ANNÉE. — Le nombre d'étalons doit s'accroître de 9,53 et être de 38,53; négligeant 0,53, à cause de la mortalité, il restera 38 étalons.

Le nombre des juments doit s'accroître de 28,16, ce qui ferait 148,16; retranchant 5,32, à cause de la mortalité, il restera 142 juments, qui donneront 95 produits, savoir : 31,60 poulains, et 63,40 pouliches.

Appliquant la réduction d'un vingt-huitième aux différentes classes d'élèves, nous aurons les résultats suivants :

			diminués de	réduits à
Les	26	poulains de 1 an	1,60	25,10
Les	12,18	de 1 à 2 ans	0,62	21,56
Les	17,68	de 2 à 3 ans	0,73	16,95
Les	14,08	de 3 à 4 ans	0,50	13,58
Les	54	pouliches de 1 an	1,90	52,10
Les	45,40	de 1 à 2 ans	1,62	43,78
Les	36,61	de 2 à 3 ans	1,30	35,31

10° ANNÉE. — Le nombre d'étalons devrait être augmenté de 13,58, ce qui ferait 51,58; retranchant 2,23, à cause de la mortalité, il restera 49 étalons.

Le nombre de juments sera augmenté de 35,31 ; retranchant 6,33, à cause de la mortalité, il y aura 170 juments, qui donneront

ıı4 produits, savoir : 38 poulains et 76 pouliches.

Appliquant la réduction d'un vingt-huitième
aux différentes classes d'élèves, nous aurons les
résultats suivants :

			diminués de	réduits à
Les	31,60 poulains	de 1 an	1,13	30,47
Les	25,10	de 1 à 2 ans	0,89	24,21
Les	21,56	de 2 à 3 ans	0,77	20,79
Les	16,95	de 3 à 4 ans	0,60	16,35
Les	63,40 pouliches	de 1 an	2,62	60,78
Les	52,10	de 1 à 2 ans	1,81	50,24
Les	43,78	de 2 à 3 ans	1,56	42,22

ıı° ANNÉE. — Le nombre d'étalons devrait
être augmenté de 16,35 ; négligeant 3,35, à cause
des mortalités, il sera de 62..

Le nombre de juments devrait être augmenté
de 42,22 ; retranchant 7,22, à cause des accidents, nous aurons 35, qui, ajoutés à 170, donnent 205 juments, qui fourniront 136 produits,
savoir : 45 poulains et 91 pouliches.

Appliquant la réduction d'un vingt-huitième aux différentes classes d'élèves, nous aurons les résultats suivants :

			diminués de	réduits à
Les	38,66 poulains	de 1 an	1,38	37,28
Les	30,47	de 1 à 2 ans	1,08	29,39
Les	24,71	de 2 à 3 ans	0,86	23,35
Les	20,79	de 3 à 4 ans	0,74	20,05
Les	76 pouliches	de 1 an	2,07	73,93
Les	60,78	de 1 à 2 ans	2,17	58,61
Les	50,24	de 2 à 3 ans	1,79	48,45

12ᵉ ANNÉE. — Le nombre d'étalons devrait être augmenté de 20,05 ; négligeant 3,05, à cause de la mortalité, nous aurons 79 étalons.

Le nombre de juments devrait être augmenté de 48,45 ; négligeant 13,45, à cause des accidents, nous aurons 240 juments, qui donneront 160 produits, savoir : 53 poulains et 107 pouliches.

Appliquant la réduction d'un vingt-huitième aux différentes classes d'élèves, nous aurons les résultats suivants :

				diminués de	réduits à
Les	45	poulains de 1 an		1,60	43,40
Les	37,28	de 1 à 2 ans		1,33	35,95
Les	29,39	de 2 à 3 ans		1,04	28,35
Les	23,35	de 3 à 4 ans		0,84	22,51
Les	91	pouliches de 1 an		3,25	87,75
Les	73,93	de 1 à 2 ans		2,99	70,94
Les	58,61	de 2 à 3 ans		2,09	56,52

13e ANNÉE. — Le nombre d'étalons devrait être augmenté de 22,51 ; réduisant ce nombre à 20, à cause des accidents, nous aurons 99 étalons.

Le nombre de juments poulinières devrait être augmenté de 56,42 ; réduisant ce nombre à 50, à cause des mortalités, nous aurons 290 juments, qui donneront 194 produits, savoir : 64 poulains et 130 pouliches.

Appliquant la réduction de un vingt-huitième à chacune des classes d'élèves, nous aurons les résultats suivants :

		diminués de	réduits à
Les 53 poulains de 1 an		2	51

			diminués de	réduits à
Les	43,40	de 1 à 2 ans	1,55	41,85
Les	35,95	de 2 à 3 ans	1,28	34,67
Les	28,35	de 3 à 4 ans	1,01	27,34
Les 107	pouliches	de 1 an	3,82	103,18
Les	87,75	de 1 à 2 ans	3,13	84,62
Les	70,94	de 2 à 3 ans	2,53	68,41

14e ANNÉE. — Le nombre d'étalons devrait être augmenté de 27,34; réduisant ce nombre à 23, à cause des accidents, nous aurons 122 étalons.

Le nombre de juments devrait être augmenté de 68,41; réduisant ce nombre à 57, à cause des mortalités, nous aurons 347 juments, qui donneront 232 produits, savoir : 74 poulains et 148 pouliches.

Appliquant la réduction de un vingt-huitième à chacune des classes d'élèves, nous aurons les résultats suivants :

			diminués de	réduits à
Les	64	poulains de 1 an	2,29	61,71

			diminués de	réduits à
Les	51	poulains de 1 à 2 ans	1,82	49,18
Les	41,85	de 2 à 3 ans	1,49	40,36
Les	34,67	de 3 à 4 ans	1,23	33,44
Les	130	pouliches de 1 an	4,64	125,36
Les	103,18	de 1 à 2 ans	3,68	99,50
Les	84,62	de 2 à 3 ans	3,02	81,60

15ᵉ ANNÉE. — Le nombre d'étalons devrait être augmenté de 33,44 ; réduisant ce nombre à 30, à cause des accidents, nous aurons 152 étalons.

Le nombre de juments poulinières devrait être augmenté de 81,60 ; réduisant ce nombre à 64, à cause des accidents, nous aurons 411 juments, qui donneront 274 produits, savoir : 91 poulains et 183 pouliches.

Appliquant la réduction d'un vingt-huitième à chacune des classes d'élèves, nous aurons les résultats suivants :

			diminués de	réduits à
Les	74	poulains de 1 an	2,65	71,35

		diminués de	réduits à
Les 61,71 poulains de 1 à 2 ans		2,20	59,51
Les 49,18 de 2 à 3 ans		1,75	47,43
Les 40,36 de 3 à 4 ans		1,51	38,85
Les 148 pouliches de 1 an		5,28	142,72
Les 125,36 de 1 à 2 ans		4,47	120,89
Les 99,50 de 2 à 3 ans		3,55	95,95

16e ANNÉE. — Le nombre d'étalons devrait être augmenté de 38,85 ; réduisant ce nombre à 30 , à cause des accidents , nous aurons 182 étalons.

Le nombre de juments poulinières devrait être augmenté de 95,95 ; réduisant ce nombre à 80, à cause des accidents, nous aurons 491 juments, qui donneront 326 produits, savoir : 108 poulains et 218 pouliches.

Appliquant la réduction d'un vingt-huitième à chacune des classes d'élèves, nous aurons les résultats suivants :

	diminués de	réduits à
Les 91 poulains de 1 an	3,25	87,75

			diminués de	réduits à
Les 71,35	poulains	de 1 à 2 ans	2,54	68,81
Les 59,51		de 2 à 3 ans	2,12	57,39
Les 47,43		de 3 à 4 ans	1,69	45,74
Les 183	pouliches	de 1 an	6,53	176,47
Les 142,72		de 1 à 2 ans	5,09	137,62
Les 120,89		de 2 à 3 ans	4,31	116,58

17ᵉ ANNÉE.—Le nombre d'étalons devrait être augmenté de 45,74; réduisant ce nombre à 40, à cause des mortalités, nous aurons 222 étalons.

Le nombre de juments poulinières devrait être augmenté de 116,58; réduisant ce nombre à 100, à cause des accidents, nous aurons 591 juments, qui donneront 394 produits, savoir : 131 poulains et 263 pouliches.

Appliquant la réduction d'un vingt-huitième à chacune des classes d'élèves, nous aurons les résultats suivants :

		diminués de	réduits à
Les 108 poulains	de 1 an	3,80	104,20

		diminués de	réduits à
Les 87,75 poulains	de 1 à 2 ans	3,13	84,65
Les 68,81	de 2 à 3 ans	2,45	66,36
Les 57,39	de 3 à 4 ans	2,04	55,35
Les 218 pouliches	de 1 an	7,08	210,92
Les 176,47	de 1 à 2 ans	6,30	170,17
Les 137,62	de 2 à 3 ans	4,91	132,71

18ᵉ ANNÉE. — Le nombre d'étalons devrait être augmenté de 55,35 ; réduisant ce nombre à 45, à cause des accidents, nous aurons 265 étalons.

Le nombre de juments devrait être augmenté de 132,71 ; réduisant ce nombre à 110, à cause des accidents, nous aurons 701, qui donneront 466 produits, savoir : 155 poulains et 310 pouliches.

Appliquant la réduction d'un vingt-huitième à chacune des classes d'élèves, nous aurons les résultats suivants :

		diminués de	réduits à
Les 131 poulains	de 1 an	4,06	126,94

		diminués de	réduits à
Les 104,20 poulains	de 1 à 2 ans	3,07	100,93
Les 84,65	de 2 à 3 ans	3,02	81,63
Les 66,36	de 3 à 4 ans	2,36	64,00
Les 263 pouliches	de 1 an	9,03	253,97
Les 210,92	de 1 à 2 ans	7,53	203,29
Les 170,17	de 2 à 3 ans	6,08	164,09

19ᵉ ANNÉE.—Le nombre d'étalons devrait être augmenté de 64 ; réduisant ce nombre à 54, à cause des accidents, nous aurons 329 étalons.

Le nombre de juments devrait être augmenté de 164,09 ; réduisant ce nombre à 135, à cause des accidents, nous aurons 836, qui donneront 550 produits, savoir : 183 poulains et 367 pouliches.

Appliquant la réduction d'un vingt-huitième à chacune des classes d'élèves, nous aurons les résultats suivants :

		diminués de	réduits à
Les 155,00 poulains	de 1 an	5,55	149,45
Les 126,94	de 1 à 2 ans	4,53	122,41

		diminués de	réduits à
Les 100,93 poulains de 2 à 3 ans		3,60	97,33
Les 81,63 de 3 à 4 ans		2,91	78,72
Les 310 pouliches de 1 an		1,10	308,90
Les 253,97 de 1 à 2 ans		9,07	244,90
Les 203,39 de 2 à 3 ans		7,26	196,13

20e ANNÉE. — Le nombre d'étalons devrait être augmenté de 78,72 ; réduisant ce nombre à 68 , à cause des accidents, nous aurons 397.

Le nombre de juments devrait être augmenté de 196,13 ; réduisant ce nombre à 163, à cause des accidents, nous aurons 999 juments, qui donneront 666 produits, savoir : 222 poulains et 444 pouliches.

Appliquant la réduction d'un vingt-huitième aux différentes classes d'élèves, nous aurons les résultats suivants :

		diminués de	réduits à
Les 183 poulains de 1 an		6,05	176,95
Les 149,45 de 1 à 2 ans		5,33	144,12
Les 122,41 de 2 à 3 ans		4,37	118,04
Les 97,33 de 3 à 4 ans		3,47	93,86

	diminués de	réduits à
Les 367 poulichesde 1 an	13,10	353,90
Les 308,90 de 1 à 2 ans	11,03	297,87
Les 244,90 de 2 à 3 ans	8,74	236,16

21ᵉ ANNÉE. — Le nombre d'étalons devrait être augmenté de 93,86 ; réduisant ce nombre à 80, à cause des accidents, nous aurons 477.

Le nombre de juments devrait être augmenté de 236,16 ; réduisant ce nombre à 196, à cause de la mortalité, nous aurons 1195 juments, qui donneront 796 produits, savoir : 265 poulains et 531 pouliches.

Appliquant la réduction d'un vingt-huitième aux classes d'élèves, nous aurons les résultats suivants :

	diminués de	réduits à
Les 222 poulains de 1 an	7,90	214,10
Les 176,95 de 1 à 2 ans	6,32	170,63
Les 144,12 de 2 à 3 ans	5,15	138,97
Les 118,94 de 3 à 4 ans	4,24	114,70

		diminués de	réduits à
Les 444	pouliches de 1 an	15,86	428,14
Les 353,90	de 1 à 2 ans	12,64	341,26
Les 297,87	de 2 à 3 ans	10,54	287,23

22e ANNÉE. — Le nombre d'étalons devrait être augmenté de 114,70 ; réduisant ce nombre à 100, à cause des accidents, nous aurons 577 étalons.

Le nombre de juments devrait être augmenté de 287,23 ; réduisant ce nombre à 239, à cause des accidents, nous aurons 1434 juments, qui donneront 956 produits, savoir : 318 poulains et 638 pouliches.

Appliquant la réduction d'un vingt-huitième aux différentes classes d'élèves, nous aurons en résultat :

		diminués de	réduits à
Les 265	poulains de 1 an	9,46	255,54
Les 214,10	de 1 à 2 ans	7,64	206,46
Les 170,73	de 2 à 3 ans	6,10	164,63
Les 138,47	de 3 à 4 ans	4,94	133,53

		diminués de	réduits à
Les 531	pouliches de 1 an	18,96	512,04
Les 428,14	de 1 à 2 ans	15,29	412,85
Les 341,26	de 2 à 3 ans	12,19	329,07

23ᵉ ANNÉE. — Le nombre d'étalons devrait être augmenté de 133,53 ; réduisant ce nombre à 115, à cause des accidents, nous aurons 692 étalons.

Le nombre de juments devrait être augmenté de 329,07 ; réduisant ce nombre à 288, nous aurons 1722 juments, qui donneront 1148 produits, savoir : 383 poulains et 765 pouliches.

Appliquant la réduction d'un vingt-huitième à chacune des classes d'élèves, nous aurons les résultats suivants :

		diminués de	réduits à
Les 318	poulains de 1 an	11,36	306,64
Les 255,54	de 1 à 2 ans	9,12	246,64
Les 206,46	de 2 à 3 ans	7,37	199,09
Les 164,63	de 3 à 4 ans	5,88	158,75

		diminués de	réduits à
Les 638	pouliches de 1 an	22,78	615,22
Les 512,04	de 1 à 2 ans	18,29	493,75
Les 412,85	de 2 à 3 ans	14,74	408,11

24e ANNÉE. — Le nombre d'étalons devrait être augmenté de 158,75 ; réduisant ce nombre à 138, à cause des accidents, nous aurons 2079 juments, qui donneront 1386 produits, savoir : 462 poulains et 924 pouliches.

Appliquant la réduction d'un vingt-huitième aux différentes classes d'élèves, nous aurons les résultats suivants :

		diminués de	réduits à
Les 383	poulains de 1 an	13,68	369,32
Les 306,64	de 1 à 2 ans	10,95	295,69
Les 246,44	de 2 à 3 ans	8,80	237,64
Les 199,09	de 3 à 4 ans	7,82	191,18
Les 765	pouliches de 1 an	27,32	737,68
Les 615,22	de 1 à 2 ans	21,97	593,25
Les 493,75	de 2 à 3 ans	17,63	476,12

25ᵉ ANNÉE. — Le nombre d'étalons devrait être augmenté de 191,18; réduisant ce nombre à 170, à cause des accidents, nous aurons 1000 étalons.

Le nombre de juments devrait être augmenté de 476,12; réduisant ce nombre à 417, nous aurons 2,496 juments, qui donneront 1664 produits, savoir : 554 poulains et 1110 pouliches.

Appliquant la réduction d'un vingt-huitième aux différentes classes d'élèves, nous aurons les résultats suivants :

		diminués de	réduits à
Les 462,00 poulains	de 1 an	16,50	445,50
Les 369,32	de 1 à 2 ans	13,19	356,13
Les 295,69	de 2 à 3 ans	10,56	285,13
Les 237,64	de 3 à 4 ans	8,49	229,15
Les 924,00 pouliches	de 1 an	33,00	891,00
Les 737,68	de 1 à 2 ans	26,34	711,34
Les 593,25	de 2 à 3 ans	21,19	572,06

Ainsi, au bout de vingt-cinq ans, nous aurons, dans chacun des douze haras, 1000 étalons et 2496 juments.

66 DE L'AMELIORATION DES CHEVAUX.

Il convient d'ajouter à ces nombres les poulains et pouliches qui existent à cette époque,
ce qui nous donnera :

Etalons		1,000,00
Poulains	de 1 an	554,00
—	de 1 à 2 ans	445,50
—	de 2 à 3 ans	356,13
—	de 3 à 4 ans	285,13
—	de 4 à 5 ans	229,15
Juments		2,496,00
Pouliches	de 1 an	1,110,00
—	de 1 à 2 ans	891,00
—	de 2 à 3 ans	711,34
—	de 3 à 4 ans	572,06
	Total	8,650,31

TABLEAU N° II.

DESTINÉ A FAIRE CONNAITRE LA COMPOSITION ET LES DÉPENSES QU'OCCASIONERAIENT L'ÉTABLISSEMENT ET L'ENTRETIEN D'UN HARAS FORMÉ DE CINQUANTE JUMENTS ET DE DEUX ÉTALONS DE PUR SANG.

ANNÉES.	Nombre de		POULAINS						POULICHES						NOMBRE TOTAL DÉLÈVES	FRAIS ANNUELS DE NOURRITURE				ACHAT		FRAIS du personnel.	TOTAL général de la dépense.	PRODUIT des ventes.	OBSERVATIONS.
	ÉTALONS.	JUMENTS.	nés dans l'année.	de 1 à 2 ans.	de 2 à 3 ans.	de 3 à 4 ans.	de 4 à 5 ans.	TOTAL.	nées dans l'année.	de 1 à 2 ans.	de 2 à 3 ans.	de 3 à 4 ans.	TOTAL.		des étalons.	des juments.	des élèves au-dessous d'un an.	des élèves au-dessus d'un an.	TOTAL.	d'étalons à 15,000 f.	de juments à 3,000 f.				
1ʳᵉ	2	50	11	»	»	»	»	11	23	»	»	»	23,00	34	1474,50	8160,50	13437,16	»	23,082,26	30,000 f.	150,000 f.	27,900 f.	237,900 f20	»	
2ᵉ	2	50	11	10,39	»	»	»	21,39	23	22,18	»	»	45,18	67	1474,50	8168,50	13437,16	9143,29	29,323,55	»	15,000	27,900	73,432 85	»	
3ᵉ	2	50	11	10,39	10,02	»	»	31,41	23	22,18	21,39	»	66,57	98	1474,50	8168,50	13437,16	19312,32	38,392,58	»	15,000	27,900	81,392 48	»	
4ᵉ	2	50	11	10,39	10,02	9,66	»	41,07	23	22,18	21,39	20,63	87,30	128	1474,50	8168,50	13437,16	26896,23	45,976,48	»	»	27,900	74,876 48	37,500	
5ᵉ	2	50	11	10,39	10,02	9,65	8,32	49,38	23	22,18	21,39	20,63	87,30	137	1474,50	8168,50	13437,16	29474,39	49,554,55	»	»	27,900	77,454 55	73,500	13 juments à 3,500 f. 7 étalons à 5,000 f.

1ʳᵉ ANNÉE. — Sur cinquante juments poulinières on suppose que deux tiers seulement, ou 34, mettent au jour des produits viables. L'expérience a prouvé que les poulains entraient pour un tiers, et les pouliches pour deux tiers, dans la production des juments : nous aurons donc 11 poulains et 23 pouliches.

2ᵉ ANNÉE. — Si on suppose qu'un vingt-huitième des poulains et des pouliches sont morts dans le cours de l'année, nous aurons 10,39 poulains et 22,18 pouliches.

3ᵉ ANNÉE. — Si on suppose que sur les 10,39 poulains de 1 à 2 ans il en meurt un vingt-huitième, il en restera 10,02. Sur les 22,18 pouliches, s'il en meurt un vingt-huitième, il en restera 21,39.

4ᵉ ANNÉE. — Si on suppose que sur les 10,02 poulains de 2 à 3 ans il en meurt un vingt-huitième, il en restera 9,66, et sur les 21,39 pouliches de 2 à 3 ans, s'il en meurt un vingt-huitième, il en restera 20,63. A la fin de la quatrième année on pourra vendre 20,63 pouliches qui auront accompli 4 ans faits et qui pourront servir à la reproduction.

5ᵉ ANNÉE. — Mêmes résultats que pour la quatrième année, à l'exception du nombre de poulains de 3 ans à 4 ans, qui, à cause de la mortalité d'un vingt-huitième, se trouve réduit à 8,32. On pourra, à la fin de la cinquième année et des suivantes, disposer de 8,32 étalons de 5 ans, et de 20,63 juments de 4 ans, qui pourront être vendus ou servir à la formation des haras qui n'auraient pu être établis.

ÉVALUATION APPROXIMATIVE

DE LA DÉPENSE NÉCESSAIRE A L'ÉTABLISSEMENT ET A L'ENTRETIEN D'UN HARAS.

Nous avons pris pour base des frais de nourriture le compte rendu sur les haras de Meudon. On a lieu de supposer que ces prix seront moins considérables à une plus grande distance de Paris.

Dans l'évaluation des frais d'entretien, nous avons supposé que 5 juments (c'est-à-dire un dixième du nombre total) devaient être renouvelées chaque année, ce qui est au-dessus des probabilités. A compter de la quatrième année, ces juments seront remplacées par des pouliches du haras. Enfin, nous supposons que chaque année, après la cinquième, un des étalons doit être renouvelé. Ainsi, il résulte de ces calculs, que nous n'avons pu établir qu'approximativement, qu'indépendamment des frais de culture, de construction et d'entretien des bâtiments, l'établissement de chaque haras coûterait, la première année, 227,980 fr., et, la cinquième année et chacune des années suivantes, la dépense serait de 77,451 fr., et les produits environ de 72 ou 73,000 fr. Il faut remarquer que nous avons supposé que le nombre d'employés était la première année le même que les années suivantes, tandis qu'il sera moins considérable, le personnel de l'administration devant toujours être en rapport avec le nombre d'élèves. Chacune des années qui suivront la cinquième année offrira les mêmes résultats pour la dépense et les recettes : car chaque année les pouliches qui auront atteint leur quatrième année sortiront du haras et seront vendues ou employées à créer de nouveaux établissements ; il en sera de même pour les étalons qui auront accompli 5 ans. Il y aura donc constamment dans chaque haras, après la cinquième année ; 2 étalons, 50 juments et 137 élèves ; en tout 189 chevaux, juments, poulains ou pouliches. Si les étalons, au lieu d'être vendus, sont envoyés dans les dépôts, ce sera toujours une économie pour le gouvernement, qui aurait été obligé de les acheter à un prix supérieur à celui auquel nous les avons évalués.

Pour les frais du personnel, nous avons adopté les évaluations suivantes :

1 Directeur du haras.	5,300 fr.
1 Commis archiviste.	800
1 Garde-étalons.	1,350
15 Employés à 1,250 fr.	18,750 } Habillement compris.
1 Vétérinaire.	1,700
Total.	27,900 fr.

TABLEAU N° 1.

DESTINÉ A FAIRE CONNAÎTRE L'ACCROISSEMENT SUCCESSIF DU NOMBRE D'ÉTALONS
DANS CHACUN DES DOUZE HARAS
QUE NOUS AVONS SUPPOSÉS ÉTABLIS ET FORMÉS DE DEUX ÉTALONS ET CINQUANTE JUMENTS.

ANNÉES	Nombre de Étalons.	Nombre de Juments poulinières.	NOMBRE DE POULAINS				NOMBRE DE POULICHES			
			nés dans l'année.	de 1 à 2 ans.	de 2 à 3 ans.	de 3 à 4 ans.	de 4 à 5 ans.	nées dans l'année.	de 1 à 2 ans.	de 2 à 3 ans.	de 3 à 4 ans.
1re	2	50	11	»	»	»	»	23	»	»	»
2e	2	50	11	10,61	»	»	»	23	22,20	»	»
3e	2	50	11	10,61	10,34	»	»	23	22,20	21,41	»
4e	2	50	11	10,61	10,34	9,88	»	23	22,20	21,41	20,65
5e	2	70,68	10,70	10,61	10,34	9,88	9,43	31,60	22,20	21,41	20,65
6e	11	89	13	13,14	10,34	9,88	9,43	39	30,98	21,41	20,65
7e	20	104	23	10,35	14,60	9,88	9,43	47	37,97	29,90	20,65
8e	29	120	28	22,18	17,68	14,00	9,43	54	45,43	36,61	28,16
9e	38	142	31,60	25,10	21,56	16,85	13,58	63,40	53,10	43,78	35,31
10e	49	170	39	30,47	24,21	20,79	16,38	75	60,78	50,34	42,22
11e	62	205	43	37,38	29,53	23,35	20,05	91	73,93	58,61	48,45
12e	79	240	53	43,42	35,98	28,45	22,51	107	87,75	70,94	56,82
13e	99	290	64	51	41,85	34,67	27,34	130	103,18	84,63	68,44
14e	122	347	74	61,71	49,10	40,36	33,44	148	125,86	99,50	81,60
15e	152	411	91	71,85	59,51	47,43	38,65	183	143,72	120,89	95,95
16e	185	491	108	87,75	68,81	57,39	45,74	218	178,47	137,63	116,50
17e	222	591	131	104,20	84,63	86,36	55,35	263	210,52	170,17	132,71
18e	265	701	155	126,34	100,99	81,63	64	310	255,37	203,90	164,09
19e	320	836	180	149,45	122,44	97,53	78,72	367	308,90	244,90	196,12
20e	397	999	222	176,98	144,12	118,04	93,86	444	353,90	297,07	235,16
21e	477	1193	265	214,10	176,73	138,37	114,70	531	458,14	344,36	287,53
22e	577	1434	318	255,54	206,46	164,63	133,53	638	512,04	412,85	329
23e	692	1722	383	306,64	246,44	199,09	158,15	765	615,22	495,75	408,11
24e	830	2079	463	369,42	295,69	237,64	194,18	924	737,88	593,55	478,12
25e	1000	2496	554	445,30	356,12	285,13	229,15	1110	891	714,34	573,05

REPRODUCTION EXTÉRIEURE.

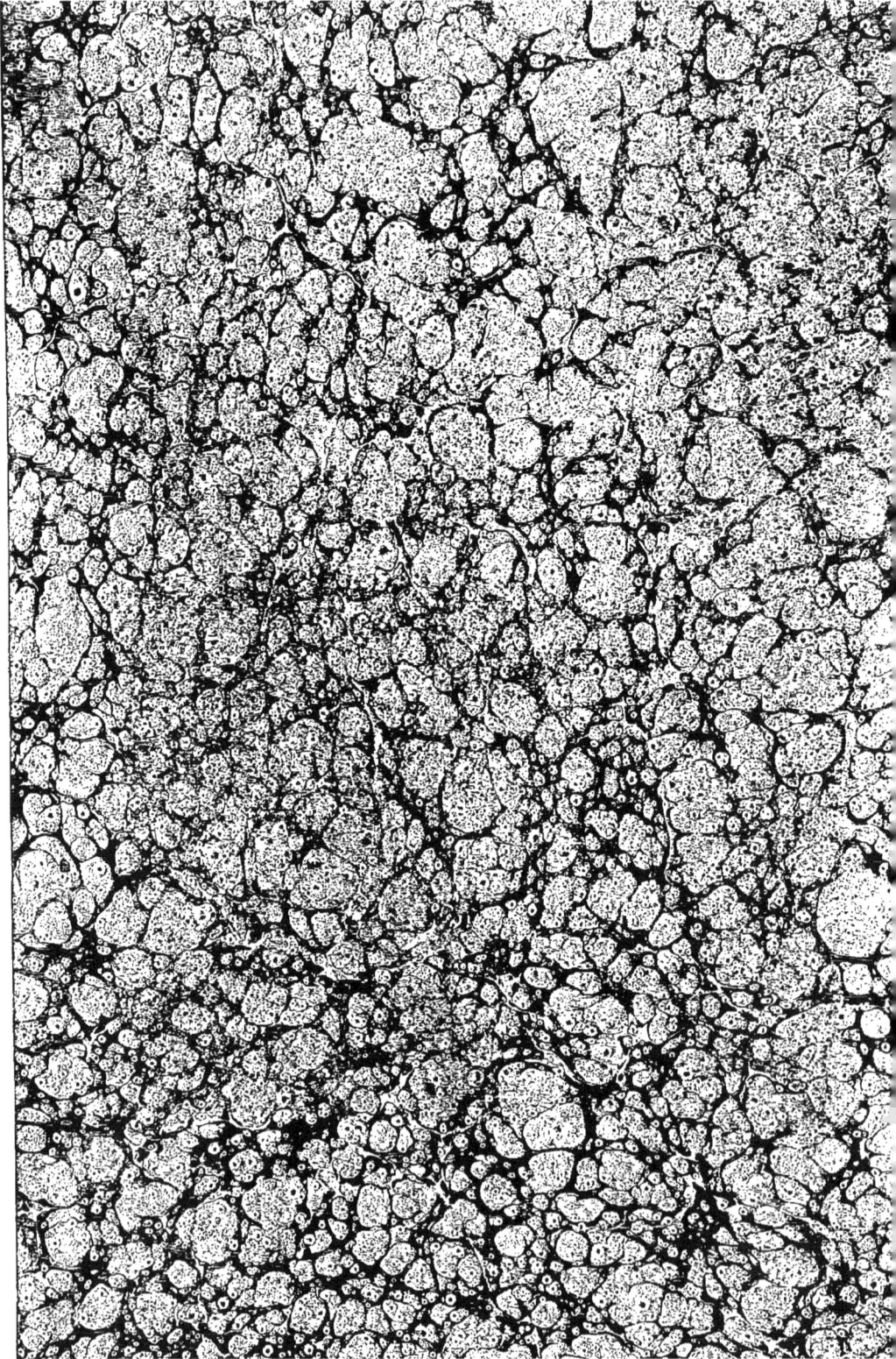

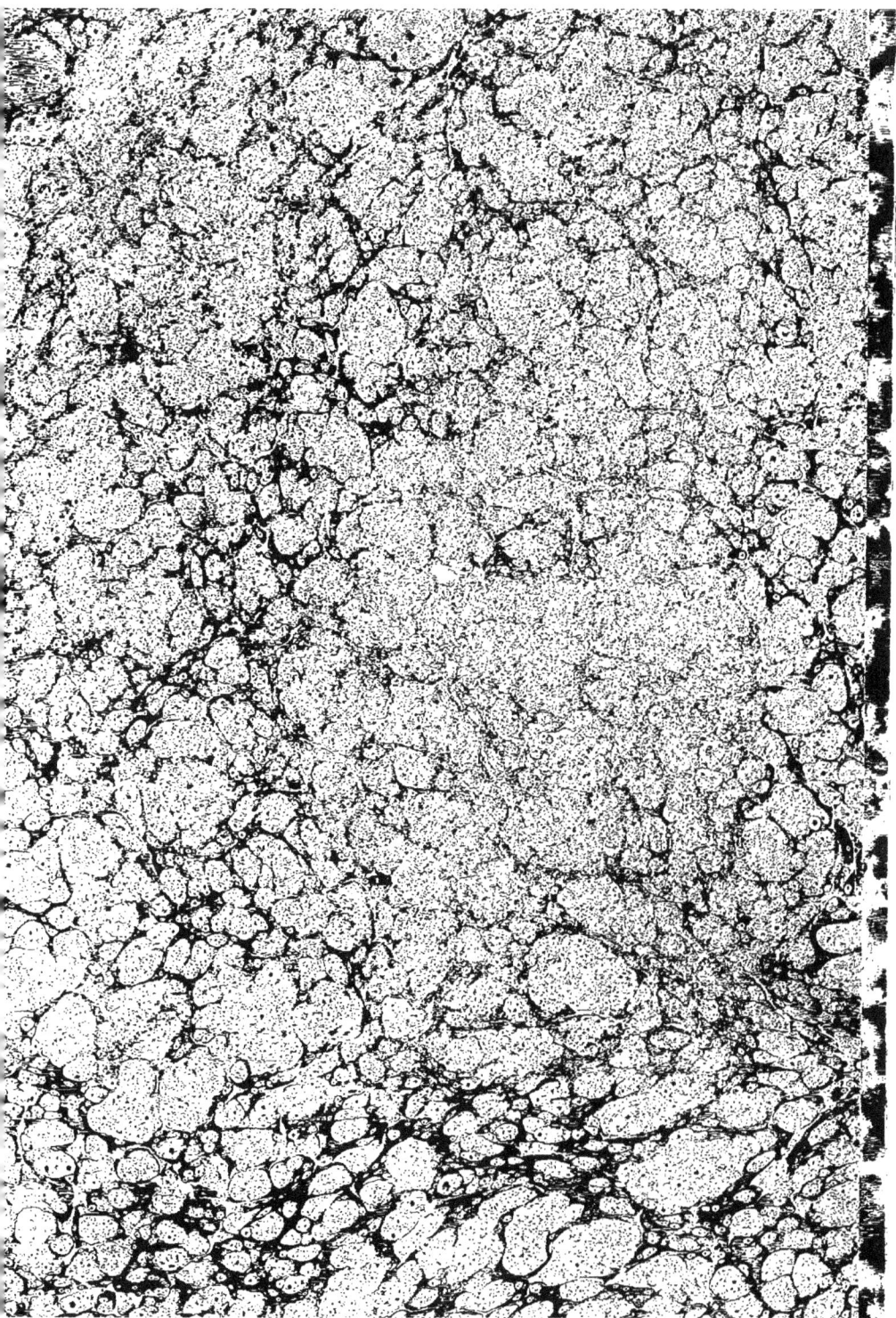

www.ingramcontent.com/pod-product-compliance
Lightning Source LLC
Chambersburg PA
CBHW050615210326
41521CB00008B/1263